U0632666

中国少年儿童科学普及阅读文库

探索·科学百科™ 中阶

火山喷发

[澳]罗伯特·库珀◎著
夏学齐(学乐·译言)◎译

中国少年儿童科学普及阅读文库
TANSUO KEXUEBAIKE
★★★★★★
2级C4
探索·科学百科

Discovery EDUCATION™

全国优秀出版社
全国百佳图书出版单位
广东教育出版社
學樂

广东省版权局著作权合同登记号
图字：19-2011-097号

图书在版编目（CIP）数据

Discovery Education探索·科学百科. 中阶. 2级. C4，火山喷发/［澳］罗伯特·库珀著；夏学齐（学乐·译言）译. —广州：广东教育出版社，2014. 1
（中国少年儿童科学普及阅读文库）
ISBN 978-7-5406-9308-4

Ⅰ. ①D… Ⅱ. ①罗… ②夏… Ⅲ. ①科学知识—科普读物 ②火山喷发—少儿读物 Ⅳ. ①Z228. 1 ②P317. 3-49

中国版本图书馆 CIP 数据核字（2012）第153096号

Discovery Education探索·科学百科（中阶）
2级C4 火山喷发

著 ［澳］罗伯特·库珀　　**译** 夏学齐（学乐·译言）

责任编辑 张宏宇　李　玲　丘雪莹　　**助理编辑** 胡　华　于银丽　　**装帧设计** 李开福　袁　尹

出版 广东教育出版社
地址：广州市环市东路472号12-15楼　邮编：510075　网址：http://www.gjs.cn
经销 广东新华发行集团股份有限公司　　**印刷** 北京顺诚彩色印刷有限公司
开本 170毫米×220毫米　16开　　**印张** 2　　**字数** 25. 5千字
版次 2016年5月第1版 第2次印刷　　**装别** 平装

ISBN 978-7-5406-9308-4　　**定价** 8. 00元

内容及质量服务 广东教育出版社 北京综合出版中心
电话 010-68910906 68910806　网址 http://www.scholarjoy.com
质量监督电话 010-68910906 020-87613102　**购书咨询电话** 020-87621848 010-68910906

Discovery Education 探索·科学百科（中阶）

2级C4 火山喷发

全国优秀出版社
全国百佳图书出版单位
广东教育出版社
學樂

目录 Contents

互动

永不停息的星球

我们站立的地面和我们居住的场所看起来是静止的，但是事实并不是这样。这是因为我们所在的行星——地球在永不停息地运动着。它在围绕太阳旋转的同时，自身也在自转。地球的表层一直在缓慢地移动着，另外，在地壳之下不远处的地幔，也存在着熔融岩浆的活动。

炽热的岩石层

地壳以下还有其他岩石层。首先是地幔，那里的岩石温度很高，所以能够流动，甚至熔化成岩浆，这些岩浆有时候还会喷出地面。地幔以下是高温液体状的外核。地球最中心的地核由于受到上部岩石的重压而变成固体。

地球的演化

地球大约形成于46亿年前，许多环绕太阳的尘埃和气体由于重力作用集聚在一起形成了地球。地球形成后的一大段时间里，细菌是唯一的生命形式。5.5亿年前，更复杂的生命形式才开始出现。

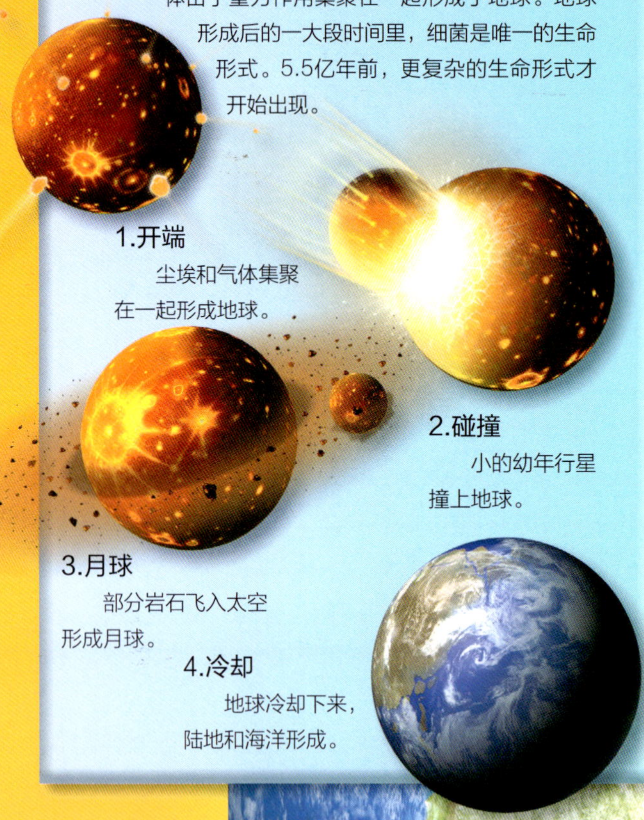

1.开端
尘埃和气体集聚在一起形成地球。

2.碰撞
小的幼年行星撞上地球。

3.月球
部分岩石飞入太空形成月球。

4.冷却
地球冷却下来，陆地和海洋形成。

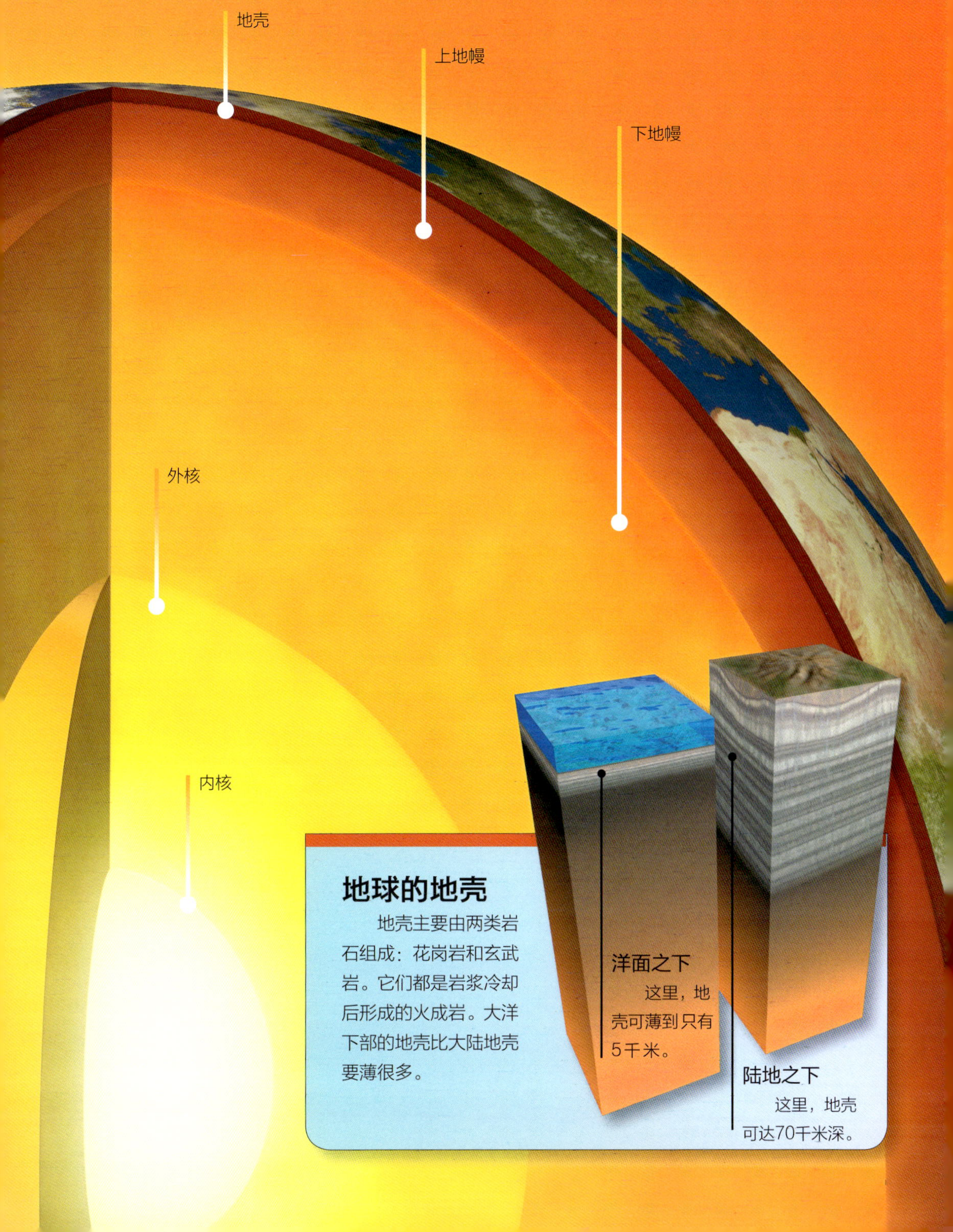
地壳
上地幔
下地幔
外核
内核
洋面之下
这里，地壳可薄到只有5千米。
陆地之下
这里，地壳可达70千米深。

地球的地壳

地壳主要由两类岩石组成：花岗岩和玄武岩。它们都是岩浆冷却后形成的火成岩。大洋下部的地壳比大陆地壳要薄很多。

板块运动

地壳由巨大的称为构造板块的岩石组成。这些构造板块在不断地运动着。一个板块撞击了另外一个板块就可以引发地震，也可能形成山脉。如果来自地幔的岩浆从这些山脉喷出来，就形成了火山。

喜马拉雅山脉

这些位于青藏高原的巨大山脉，就是因板块的撞击而慢慢形成的。

1.板块移动

大约2亿年前，现在的印度洋板块所在的陆地开始向亚欧板块方向漂移。

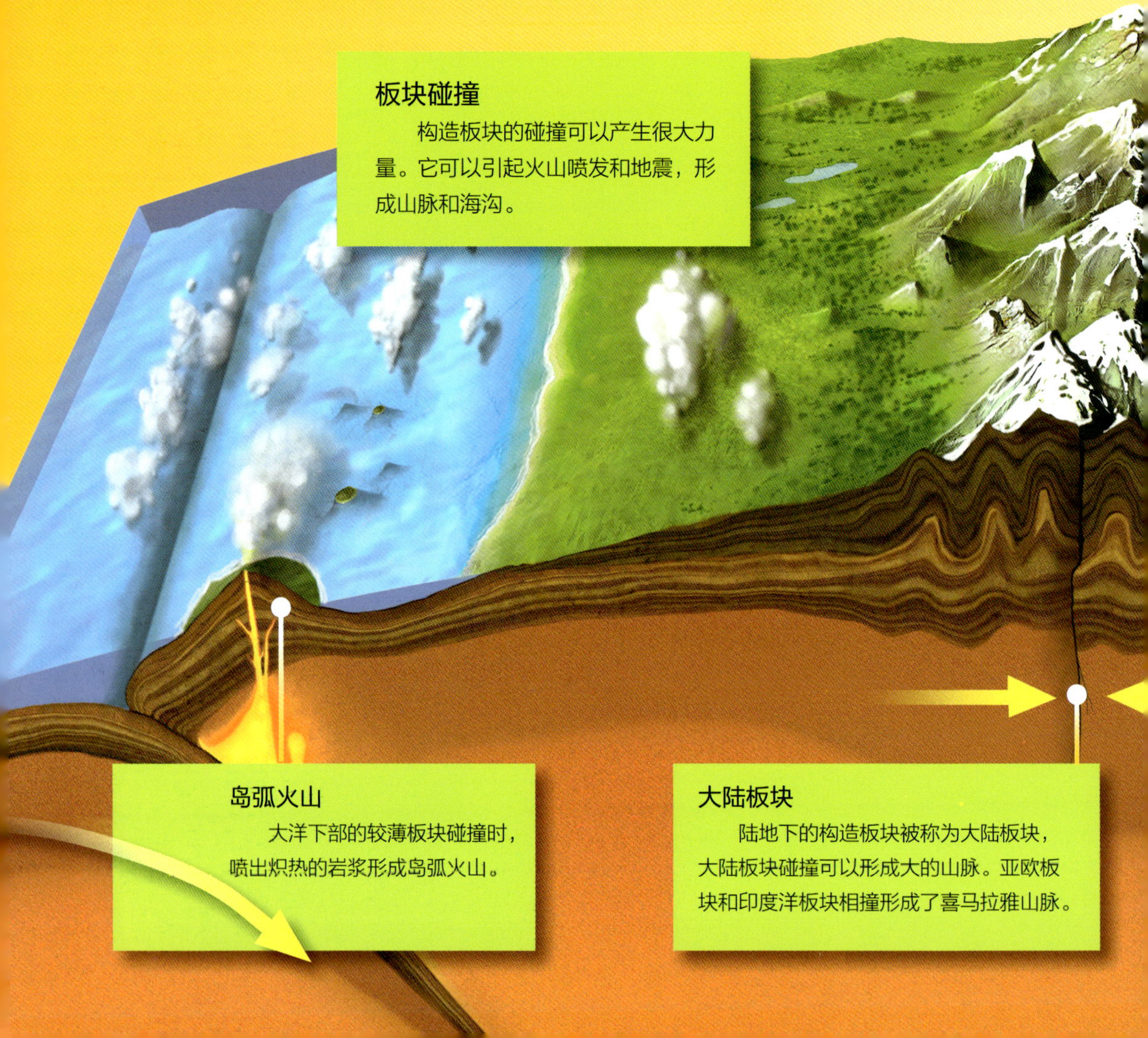

板块碰撞

构造板块的碰撞可以产生很大力量。它可以引起火山喷发和地震，形成山脉和海沟。

岛弧火山

大洋下部的较薄板块碰撞时，喷出炽热的岩浆形成岛弧火山。

大陆板块

陆地下的构造板块被称为大陆板块，大陆板块碰撞可以形成大的山脉。亚欧板块和印度洋板块相撞形成了喜马拉雅山脉。

2.地壳抬升

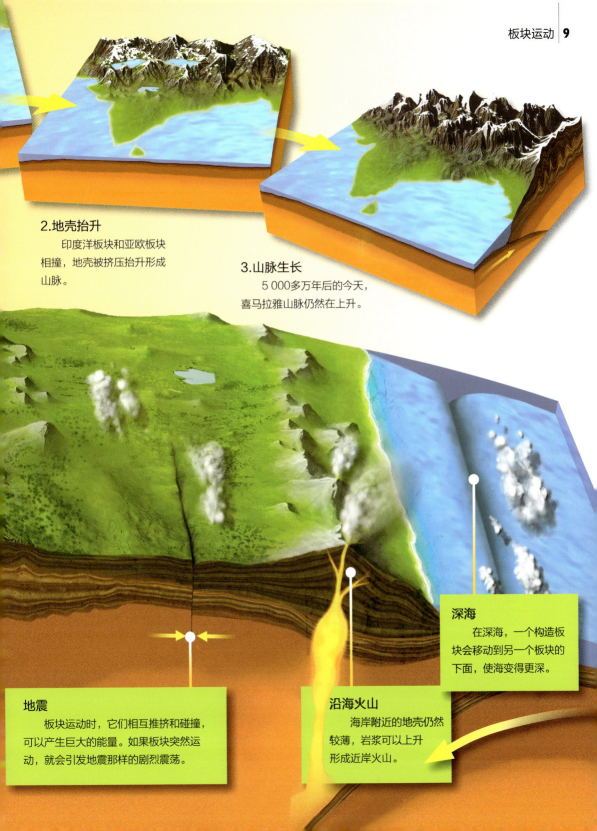

印度洋板块和亚欧板块相撞，地壳被挤压抬升形成山脉。

3.山脉生长

5 000多万年后的今天，喜马拉雅山脉仍然在上升。

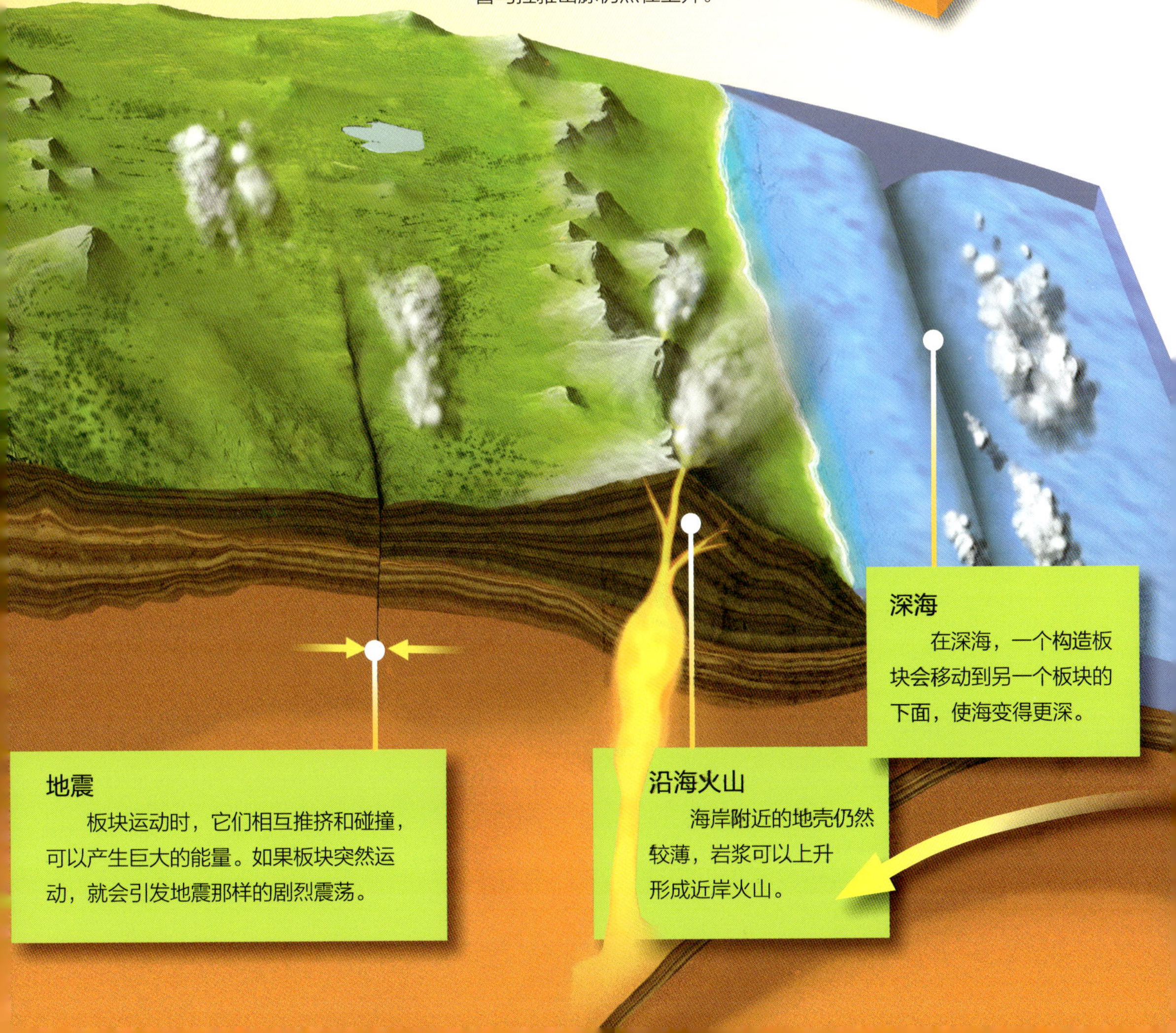

深海

在深海，一个构造板块会移动到另一个板块的下面，使海变得更深。

地震

板块运动时，它们相互推挤和碰撞，可以产生巨大的能量。如果板块突然运动，就会引发地震那样的剧烈震荡。

沿海火山

海岸附近的地壳仍然较薄，岩浆可以上升形成近岸火山。

热点

在地球上的一些地方，炽热的岩浆被压力所迫侵入到地壳，这些地方称为热点。因为构造板块在热点之上运动且十分缓慢，热点上便可形成火山。结果，亿万年后，板块已经移动很远了，而热点仍在原地，从而使火山排成一条线。

大洋热点

有些大洋下的热点可以形成火山。火山形成后的亿万年间，随着板块的移动，火山离开热点而逐渐死去。最初，喷出的岩浆形成水下火山，火山逐渐生长直到露出水面便形成火山岛屿。

火山
火山在热点上形成。
热点
岩浆侵入地壳。
构造板块以每年约 10 厘米的速度移动。

夏威夷热点

这是一张从太空拍摄的美国夏威夷热点岛屿的照片。最大的岛被称为大岛，就在一个大洋热点上方。夏威夷群岛其实是由5个单独的火山组成的。其他每个岛屿位于热点上方时，它们也变成了火山。现在，这些岛屿正在缓慢地下沉回海洋里。

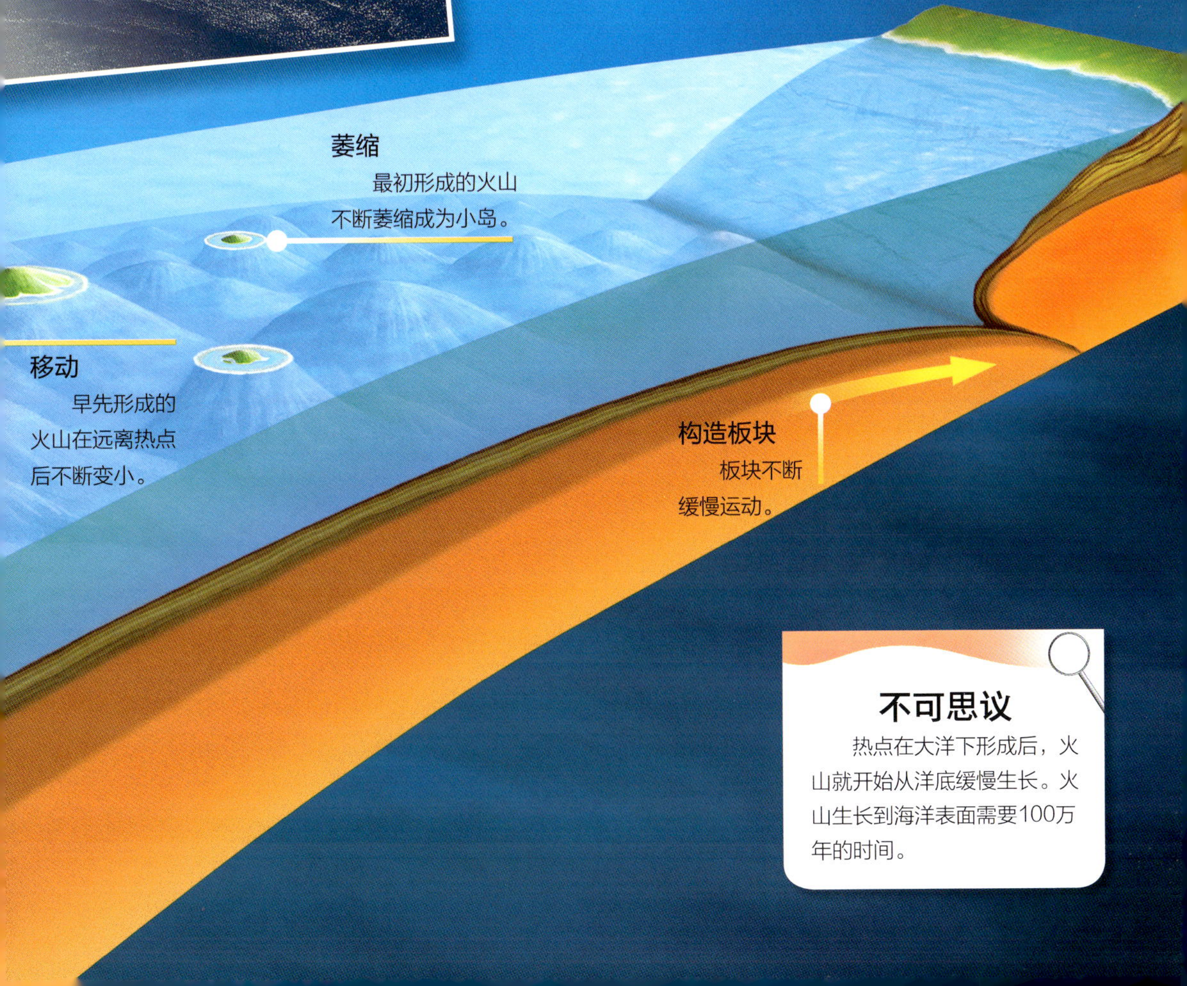

萎缩
最初形成的火山不断萎缩成为小岛。
移动
早先形成的火山在远离热点后不断变小。
构造板块
板块不断缓慢运动。

不可思议

热点在大洋下形成后，火山就开始从洋底缓慢生长。火山生长到海洋表面需要100万年的时间。

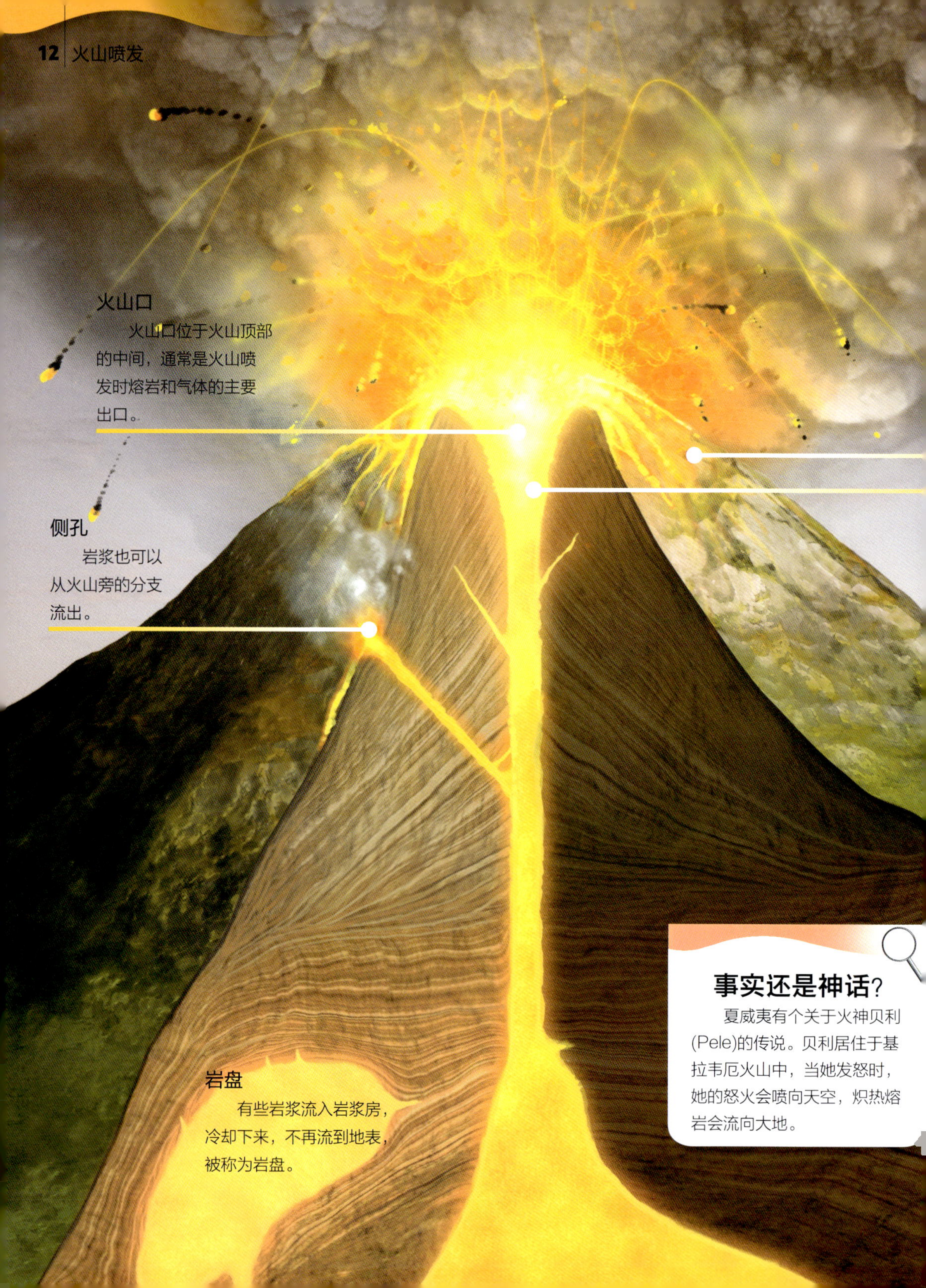
火山口
火山口位于火山顶部的中间，通常是火山喷发时熔岩和气体的主要出口。
侧孔
岩浆也可以从火山旁的分支流出。
岩盘
有些岩浆流入岩浆房，冷却下来，不再流到地表，被称为岩盘。

事实还是神话？

夏威夷有个关于火神贝利(Pele)的传说。贝利居住于基拉韦厄火山中，当她发怒时，她的怒火会喷向天空，炽热熔岩会流向大地。

火山喷发

岩浆是炽热的粘稠液体，它由岩石在地幔的高温条件下熔融而成。这些熔化的岩石会进一步形成较大的地下岩浆房。在适当的位置，岩浆从地壳的裂隙涌出形成火山。压力的积聚会造成火山喷发。蒸汽、火山灰和岩石碎片被喷射到空中，炽热的熔岩则流到火山四周。

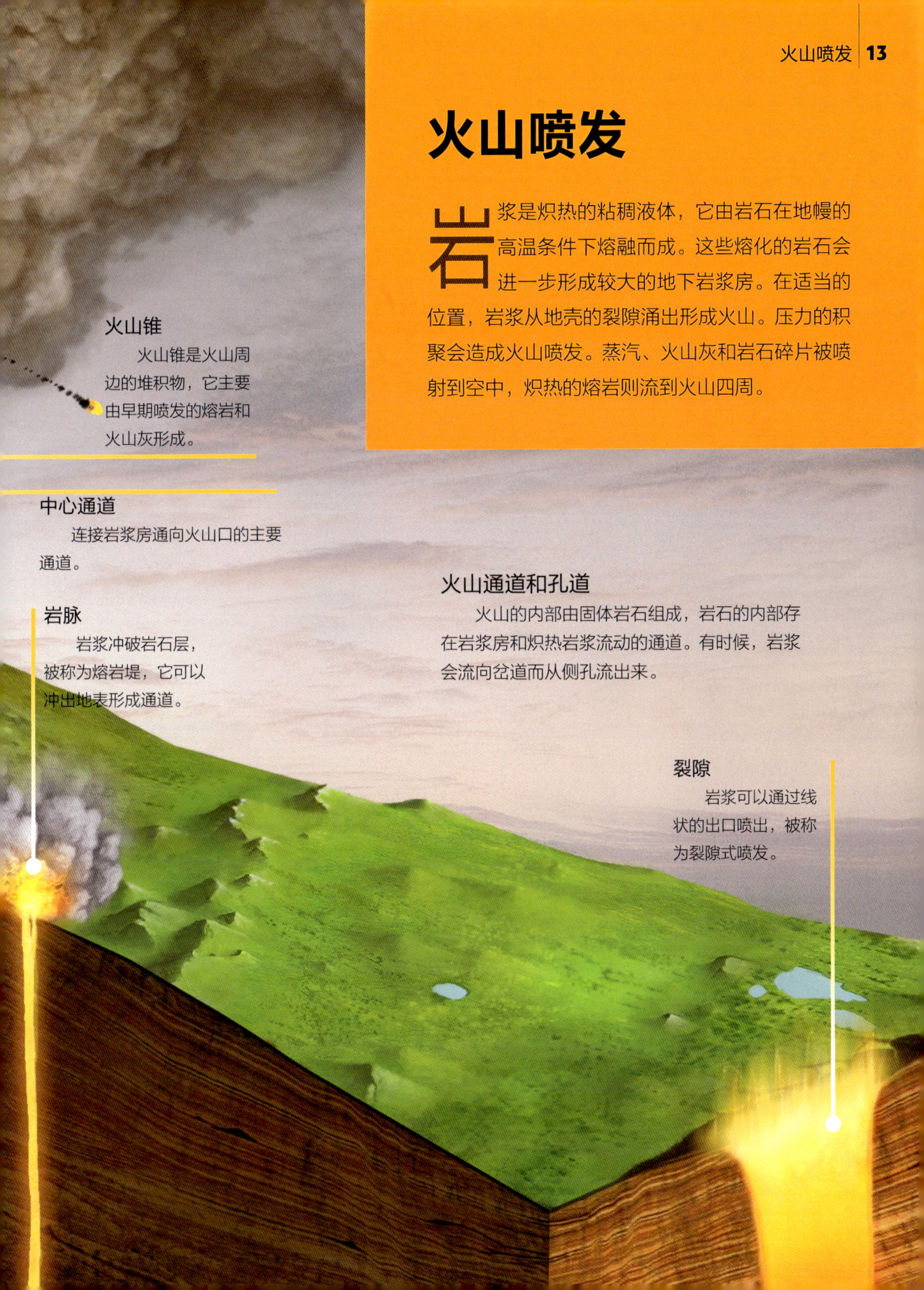

火山锥

火山锥是火山周边的堆积物，它主要由早期喷发的熔岩和火山灰形成。

中心通道

连接岩浆房通向火山口的主要通道。

岩脉

岩浆冲破岩石层，被称为熔岩堤，它可以冲出地表形成通道。

火山通道和孔道

火山的内部由固体岩石组成，岩石的内部存在岩浆房和炽热岩浆流动的通道。有时候，岩浆会流向岔道而从侧孔流出来。

裂隙

岩浆可以通过线状的出口喷出，被称为裂隙式喷发。

火山碎屑流

熔岩碎片和有毒气体混合形成的岩浆流流下火山。

烟火

喷发时，火山口处可以形成熔岩喷泉。

不同的喷发类型

没有两次火山喷发完全一样。图中是火山喷发可能出现的现象，但是并不是每次喷发都会出现所有这些现象。

打卷

熔岩流动时，不断向四周延伸。有时候形成像绳卷一样的皱纹，被称为绳状熔岩。

不可思议！

2010年，冰岛一座火山喷发。它喷出的火山灰给飞机飞行带来威胁，因此，在随后几天时间里，进出欧洲机场的航线被迫关闭。

熔岩和火山灰

当火山喷发时，炽热的熔岩碎块和火山灰喷向高空，接着熔岩碎块掉落到火山周围，这给它所经之处的生命带来破坏和死亡。火山喷射出来的火山灰经常在天空中形成火山灰云。

熔岩通道破裂

熔岩可以在地表下的管道中流淌，直到在离火山口很远的地方冲出管道口。

裂隙

熔岩从一系列被称作裂隙的侧孔喷出，形成一道火帘。

熔岩

滚烫的熔岩向山下蜿蜒流淌，在其所经之处燃起大火，烧毁建筑物和树木。

落石

熔岩冷凝形成岩块，在空中迅速掉落，撞击地面。

概况

夏威夷基拉韦厄火山喷发时，熔岩喷射向天空然后回落流走的情景。

研究火山

研究火山的人被称为火山学家。火山学家通常利用飞机或者航天器观测火山，记录火山喷发的时间、地点以及火山喷发的后果。但有时他们也会爬到火山口附近进行实地测量并获取熔岩样品，这能帮助他们推断火山现在和过去的活动。

气体探测器

使用该仪器可以测量火山喷出的气体。

火山学家

如果想成为火山学家，你需要：

兴趣：对野外工作和探险感兴趣，有好奇心，喜欢解决难题。

教育素养：在中学学习过数学、地理和其他自然科学课程。在大学学习地质学，并获得地质学或者火山学方面的研究生学位。

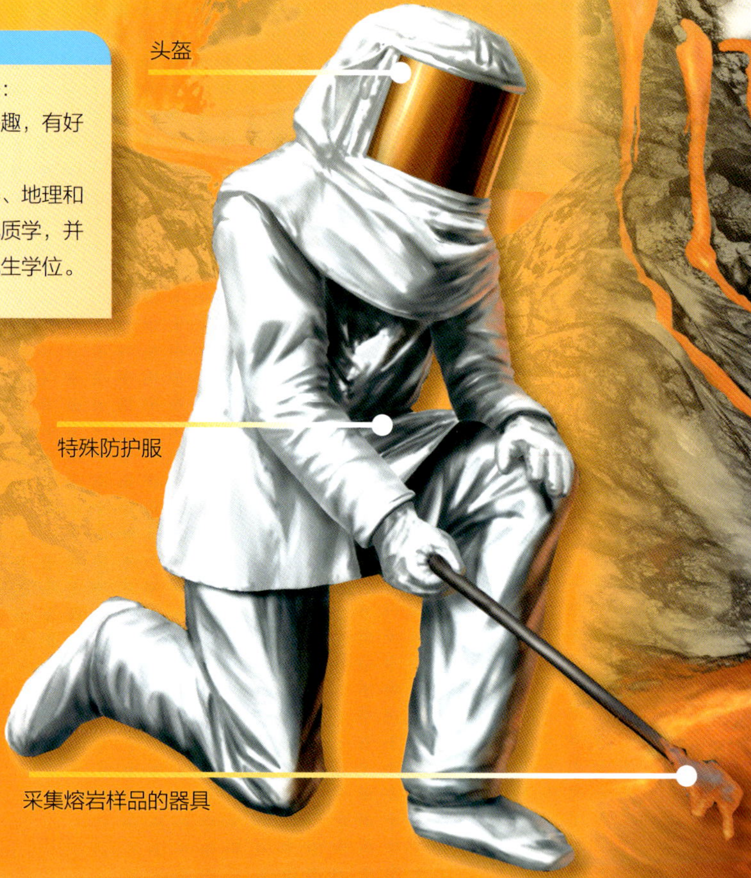
头盔
特殊防护服
采集熔岩样品的器具

安全保护

用一种特殊的隔热服装保护火山学家不被烫伤。

接近

直升飞机可以带火山学家从远处快速到达火山。这种飞行有时候会非常危险。

十大现场灾害

1 酷热

2 有毒气体

3 岩石崩落

4 炽热的火山灰

5 酸雨

6 暴风

7 地面不稳定

8 突发的和隐蔽的熔岩流

9 高空病

10 低可见度

采集熔岩样品

火山喷发后，熔岩会很快顺着山坡流走，因此火山学家需要非常接近熔岩以采集样品。接近热熔岩时，为了安全，火山学家们通常两三个人一起工作。

火山分类

火山种类

根据岩石种类、火山形状和喷发方式的不同，火山可以分为很多种类。

喷发的度量

火山喷发出来的物质数量总和，称为喷发量，是衡量火山喷发强度的一个很好的指标。喷发量一般用立方千米表示。火山的喷发量可以小到像几间房子的容积那么大，也可以大到其几百万倍。

托巴火山（2800 立方千米）

陶波火山（100立方千

锥形火山

喷发出的碎屑形成有较宽火山口的锥状山体。

复合型火山或者层状火山

火山灰和熔岩交互成层，构成火山。

盾状火山

由熔岩形成的宽大低矮的火山。

裂隙式火山

这种火山由岩浆沿地表裂隙喷发而形成。

欧洲
亚洲
非洲
大西洋
印度洋
大洋
南极洲

危险带

多数火山喷发发生于构造板块的边缘或热点之上。其中有些地区人口密集，如印度尼西亚。

高度（米）
6000
4000
2000
海平面
-2000
-4000
-6000
1
2
3
4
5
6
7

坦博拉火山（30立方千米）　喀拉喀托火山（21立方千米）　皮纳图博火山（10立方千米）　维苏威火山（3立方千米）　圣海伦斯火山（1立方千米）

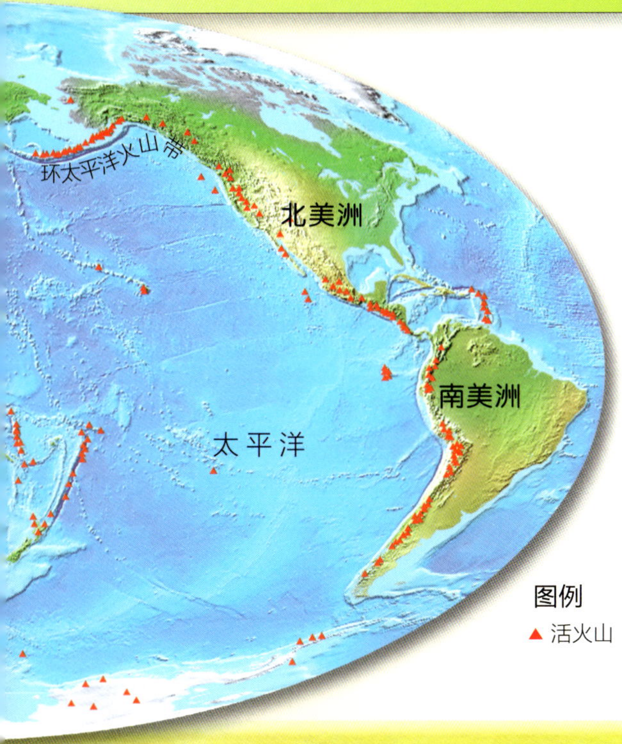
环太平洋火山带
北美洲
南美洲
太平洋
图例
▲ 活火山

各洲最高的火山

很多火山都很高。夏威夷的莫纳克亚山是地球上最高的火山。如果从它洋底的基部算起，莫纳克亚山高达9 500米。

1 奥霍斯德尔萨拉多山，南美洲
2 乞力马扎罗山，非洲
3 达马万德山，亚洲
4 厄尔布鲁士山，欧洲
5 奥里萨巴火山，北美洲
6 西德利山，南美洲
7 莫纳克亚山，夏威夷

喷发类型

研究火山的科学家利用以下名称描述不同的火山喷发类型。

夏威夷式

熔岩像泉水和河流一样从火山口、火山通道和裂隙涌出。熔岩形成宽大、低矮的盾状火山。

斯特隆博利式

落石、火山灰和灰烬形成高大锥体，如果边缘过于陡峭，火山锥会崩塌。

爆烈式

火山喷发时就如一场很强烈的爆炸，大的石块和熔岩冲入天空，一般能散布到非常远的地方。

普林尼式

巨大的喷发将火山岩浆房掏空，并产生48千米高的火山灰云。超普林尼式喷发威力更大。

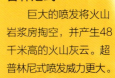

培雷式

岩浆房顶部坚硬的熔岩崩塌，造成热气、石块和火山灰的快速流动。

著名的火山

地球上，一些火山由于喷发时产生巨大的破坏力而出名。其中最著名的火山要数位于意大利南部的维苏威火山，大约在2 000 年前，维苏威火山突然爆发并毁灭了附近的两个城镇。

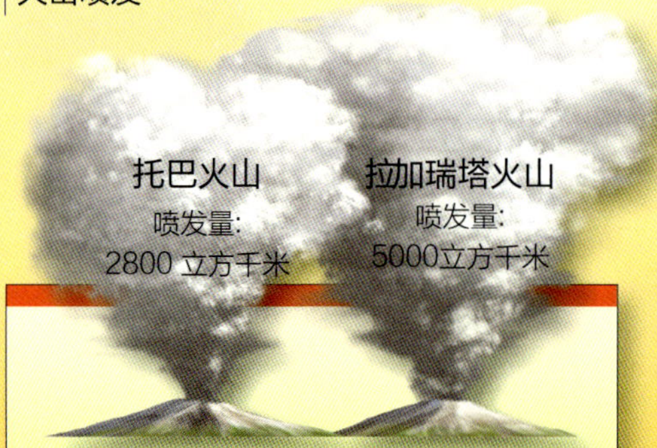
托巴火山
喷发量:
2800 立方千米
拉加瑞塔火山
喷发量:
5000立方千米

大爆炸

2700万年前，那时还没有人类出现，位于美国的拉加瑞塔火山发生了大爆炸。其喷出的能量巨大，相当于其他相同大小的火山喷出能量的两倍。

可怕的火山灰

托巴火山喷发后，火山灰形成的云层在全球扩散。在托巴火山附近，火山灰堆积在地面的厚度达到了9米。

海拔
千米
25
20
15
10
5
0

托巴火山

在 73 500 年前，位于印度尼西亚苏门答腊岛上的托巴火山爆发。大量火山灰和气体不断向全球扩散，造成了此后六年全球温度明显降低。

托巴火山:

喷发时间:	大约73 500年前
喷发类型:	超普林尼式
喷发体积:	大约2 800立方千米
死亡人数:	未知

扩散的火山烟雾

火山喷发后，喷出的火山灰和气体不断上升，形成云层并扩散到全球范围，从而阻挡了部分太阳光照射到地球表面，这导致全球在很长的一段时间内处于寒冬期。

8月24日，下午

烟雾像一棵松树般从山顶慢慢升起。

8月24日，晚上

喷出的火山灰和火山砾石落在海面上。

8月25日，早晨

火山灰和火山砾石掩埋了附近的海洋和陆地。

维苏威火山

在公元 79 年 8 月，维苏威火山喷发，附近的庞贝 (Pompeii) 和赫库兰尼姆 (Herculaneum) 两座城市被炽热的火山灰、火山砾石和有毒气体所掩盖，人们想办法逃脱，但最后很多人还是因此而丧生。

维苏威火山：

- **喷发时间:** 公元79年8月
- **喷发类型:** 普林尼式和爆烈式混合
- **喷发体积:** 大约3立方千米
- **死亡人数:** 3 000~10 000

1.炽热的火山灰

一个人被火山灰掩埋致死。

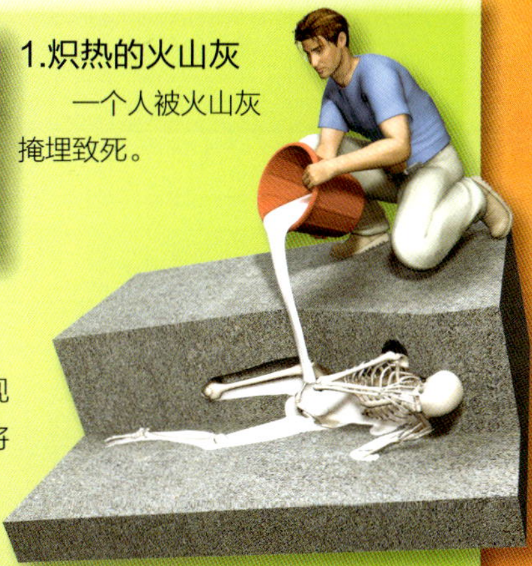

2.发现

遗骸被发现后，用熟石膏将其填充。

制作模型

现代科学家可以制作出那些死于维苏威火山喷发的人体模型。

3.保存

熟石膏保留并展现了一个完整的身体形状。

喀拉喀托火山

1883 年 8 月 27 日，一系列的火山喷发摧毁了喀拉喀托岛，气体和火山灰阻挡了太阳光的照射，导致附近地区温度明显降低。一个新的火山体——喀拉喀托火山，从那时开始，便从海平面升起，并矗立在原来喀拉喀托岛的位置上。

喀拉喀托火山：

喷发时间： 1883年8月27日

喷发类型： 普里尼式和超普里尼式混合

喷发体积： 21立方千米

死亡人数： 36 000

喀拉喀托火山喷发时发出的声音很大，4 500 千米以外的人都可以听得到。

破坏性

火山喷发后，大量炽热的火山灰和火山砾石降落到海洋里，引起了巨大的海啸。海啸传播到附近的岛屿和印度尼西亚的其他地区，摧毁了无数城市和村庄，造成了大量的人员和动物死亡。

喀拉喀托火山爆发！

36 000人在大爆炸中丧生

在澳大利亚北部，荷属东印度群岛的喀拉喀托火山发生了多次强烈的喷发，一些报告指出这是人们所见到过的最大的几次大喷发。巨大的海啸席卷该地区，保守估计有超出36 000人遇难，海啸淹没了附近岛上的居民点，破坏了城市和村庄。

巨大的爆炸

喀拉喀托火山是位于印度尼西亚群岛上的一个火山岛。1883年火山开始喷发，直到8月27号，火山喷发能量开始增强。在大约4个小时内发生了4次巨大的爆炸，其中最后一次爆炸的规模和声音最大，也是人们所看到过的能量最大的一次火山喷发。这次爆炸喷出的气体云和火山灰在空中达到了80千米的高度。

不出所料

这次火山喷发并没有出乎人们的意料，主要在于喷发前其外形发生了变化。在喷发前的几个月里，科学家就观察到火山的一侧正在凸起，他们认为不久之后该火山将会喷发。

1

1980年，3月~5月

岩浆上升并在火山内部堆积，火山的一侧开始向外凸起。

2

5月18日，08:32:37

一大早，火山凸起的一侧开始松动，火山顶及火山凸起的一侧出现巨大的滑坡和爆炸。

圣海伦斯火山

1980 年 3 月，美国华盛顿州，圣海伦斯火山开始有小规模的喷发。山顶一侧最先出现凸起，凸起逐渐地变大。到 5 月 18 日，整个山的一侧突然崩塌。

圣海伦斯火山:

喷发时间: 1980年5月18日

喷发类型: 普林尼式

喷发体积: 1立方千米

死亡人数: 57

不可思议!

圣海伦斯火山爆炸产生的火山灰飘到了美国西北部的许多地区，一些火山灰甚至飘到了美国东部的俄克拉荷马州，几乎横跨了半个美国。

夷平森林

火山喷发使火山灰和岩浆流入森林，大面积森林被摧毁。

火山泥流

就在火山喷发后，由炽热的火山灰和水组成的火山泥流快速地从山上冲了下来。

沉降的火山灰

火山喷发形成的火山灰在随后的几天里降落在美国西北部。

3

5月18日，08:32:41

片刻之后，火山口被炸开，大量的火山灰、火山砾石和气体被抛出，喷出的高度高达19千米。

扩散的熔岩

从1983年到现在，从基拉韦厄火山连续流出的熔岩覆盖面积达到104平方千米。它使夏威夷岛的实际面积增加了大约121公顷。

基拉韦厄火山

基拉韦厄火山位于夏威夷岛的东南角，处在太平洋中的一个热点之上。基拉韦厄火山缓慢而不断地喷发，喷涌而出的岩浆和长长的熔岩流形成了壮丽的景观，成千上万的人前来这里，只为近距离地观看这一美景。

基拉韦厄火山：

喷发时间： 从1983年开始持续不断地喷发

喷发类型： 夏威夷式

喷发体积： 2.9立方千米

死亡人数： 一些游客由于粗心跌入火山或吸入有毒气体而死亡。

破坏性

到目前为止，基拉韦厄火山熔岩毁坏了至少189间房屋，同时也毁灭了一些地区的国家公园，破坏了部分道路 。

火山造成的死亡

在过去的几个世纪中，火山爆发在全球范围内造成大量人员死亡，有的人死于炽热的火山灰和有毒气体，有的人死于由火山喷发所引起的巨大海浪或海啸之中。

北冰洋
6
欧洲
9
10
亚洲
5
北美洲
非洲
3
4
2
8
1
7
南美洲
大西洋
印度洋
大洋洲
太平洋
南极洲

火山	年份	死亡人数
1 托巴火山 印度尼西亚	1815	92 000
2 喀拉喀托火山 印度尼西亚	1883	36 417
3 培雷火山 马提尼克	1902	29 025
4 内华达德鲁兹火山 哥伦比亚	1985	25 000
5 云仙岳火山 日本	1792	14 300
6 拉基火山 冰岛	1783	9 350
7 吉力火山 印度尼西亚	1882	5 110
8 加隆贡火山 印度尼西亚	1882	4 011
9 维苏威火山 意大利	1631	3 500
10 维苏威火山 意大利	公元79年	3 000~10 000

黑色沙滩

火山岛上有黑色沙滩，如夏威夷的毛伊岛就是这样的。沙滩上的沙子是由玄武岩形成的，熔岩冷却后形成的火成岩经过风化破碎便会形成这种沙状颗粒物。

快速流动

炽热的熔岩流动速度可达每小时100千米，随着熔岩逐渐冷却，流速降低，最后凝结成固体。

活跃的，休眠的，死亡的

现在全球有大约1 500座活火山，但是也存在着更多的休眠火山和死火山，下面是一些例子。

图例
= 活火山
= 休眠火山
= 死火山
= 最近喷发时间
叙尔特塞火山， 冰岛 1967年
埃特纳火山，意大利 2006年
富士山，日本 1708年
诺瓦拉普塔，美国 1912年
培雷火山，马提尼克 1902年
锡拉岛，希腊 公元前1645年
黄石火山口,美国 70 000年前
库西火山，乍得 未知
菲律宾 1991年
瓜瓜-皮钦查火山，厄瓜多尔 1999年
芒特甘比尔，澳大利亚 公元前2900年
特里斯坦-达库尼亚群岛，南大西洋 1961年
埃里伯斯火山，南极洲 在喷发

钻石

在地幔中极端的温度和压力可以形成钻石，随着岩浆的上升，钻石可被推移到地球表面。

其他火山知识

自古以来，火山带给人类的是神奇和恐惧。如今，火山的秘密越来越多地被火山学家所揭示，这里展示了更多的关于火山的知识，其中包括地球上的火山和太阳系中其他星球上的火山。

伏尔甘（火神）

火山（volcano）一词来源于伏尔甘（Vulcan）。他是罗马神话中的火神。古罗马人都相信是火神使火山喷发的。

地球之外的火山

火山不只存在于地球上，它们同样存在于太阳系中的其他行星和卫星上。

月球

月球上暗色的斑块是固体岩浆湖。数十亿年以前，这些岩浆沿着月球表面的裂缝而喷出。

火星

火星的体积只有地球的一半大，但是与火星上的火山相比，地球上最高的火山看起来也是微小的。现在火星上的火山差不多都是死火山。

金星

金星上厚厚的大气层是由该星球上成千上万的火山喷发而形成的。金星上有些火山可能依然在活动，但是科学家还不敢确定。

海卫一

火山并不总是炽热的，1989年太空探测器发现在海王星的一颗卫星——海卫一上有大量的间歇泉，并伴随着超低温的液体氮喷出。

木卫一

木星的卫星——木卫一上的火山喷发活动是太阳系中所有星球中最强烈的，大量的二氧化硫包括气体和液体从木卫一表面喷出。

小测验

如下所示，左边一列是描述，右边一列是打乱顺序的词组，你能够解读右边一列每个词组的意思并将词组与左边的描述搭配起来吗？

A

1.地球的一部分，在地幔上部

2.地表下熔化的岩石

3.火山的顶部

4.火山喷出的热液

5.正在喷发的火山

6.火山如何活动

7.太阳系中的一颗行星，行星上有很多火山

8.位于印度尼西亚的一座古老的火山

B

金星

活火山

喷发

火山口

托巴火山

岩浆

熔岩

地壳

答案：1.地壳 2.岩浆 3.火山口 4.熔岩 5.活火山 6.喷发 7.金星 8.托巴火山

知识拓展

酸雨 (acid rain)
雨、冰雹或积雪，其中含有对人类、动物和植物有害的化学物质。

活火山 (active volcano)
一种持续喷发或间隔一段时间喷发一次的火山。活火山喷发一次的间隔时间可能是几年或几百年不等。

火山灰 (ash)
火山喷发时所喷出的沙子或灰尘大小的岩石碎屑。

细菌 (bacteria)
微小的生物，由单细胞组成。

地核 (core)
地球的中心部位，由固体内核和熔融外核组成。

火山口 (crater)
火山顶部圆形的盆地。

地壳 (crust)
地球最外层的固体部分。是地球的最表层，厚度约为40千米。我们居住在地壳的陆地上，大洋底部也属于地壳的一部分。

休眠火山 (dormant volcano)
很久没有喷发过，但是未来还有可能再次喷发的火山。

死火山 (extinct volcano)
是一种很久没有喷发过也不可能再喷发的火山。

裂隙 (fissure)
地表中的一个大的裂缝或断裂。火山中的孔道排列成一条线也可以形成裂隙。

热点 (hot spot)
一个岩浆通过地壳不断涌出的地方 。

火成岩 (igneous rock)
岩浆冷却，变成固体后形成的岩石。

岩盘 (laccolith)
由岩浆流入岩浆房冷凝形成。形成岩盘的岩浆可以把其上部的岩石顶起。

火山泥流 (lahar)
火山喷发后，炽热的泥石沿着火山的一侧或多侧向下流动。

熔岩 (lava)
火山喷发时流出的熔化的岩石，炽热的熔岩在地表可流动很长距离。

岩浆 (magma)
地壳下面在地球内部熔化的岩石。

地幔 (mantle)
位于地壳和地核中间，厚度较厚，温度较高的一层。岩浆在该层中形成。

绳状熔岩 (pahoehoe)
熔岩流的一种类型，光滑且形状像绕在一起的绳子。

火山碎屑流 (pyroclastic flow)
由气体、火山灰和岩石碎片形成的厚且温度较高的混合物，以很快的速度沿着火山的一侧或多侧流下 。

构造板块 (tectonic plates)
在地表下不断移动的巨大的岩石，地球的表面位于板块之上。

海啸 (tidal wave)
一种巨大的海浪，拍打海岸线时会产生很大的破坏力。海啸主要由海洋下的地震引起。

孔道 (vent)
位于火山顶部或者侧面的开口。岩浆、气体和火山灰通过该开口流出。

Discovery Education探索・科学百科（中阶）

探索·科学百科™

Discovery EDUCATION

世界科普百科类图文书领域最高专业技术质量的代表作

小学《科学》课拓展阅读辅助教材

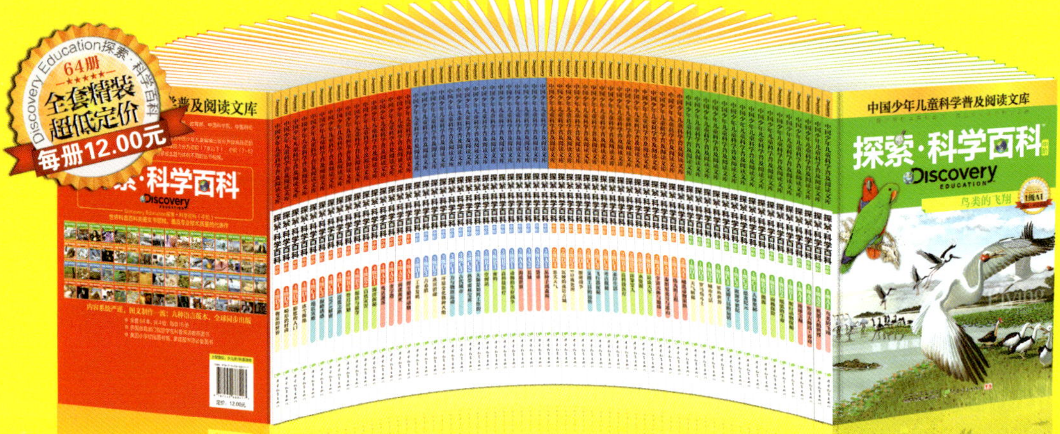
Discovery Education探索·科学百科
64册
全套精装
超低定价
每册12.00元
中国少年儿童科学普及阅读文库
探索·科学百科
Discovery
EDUCATION

Discovery Education探索・科学百科（中阶）丛书，是7~12岁小读者适读的科普百科图文类图书，分为4级，每级16册，共64册。内容涵盖自然科学、社会科学、科学技术、人文历史等主题门类，每册为一个独立的内容主题。

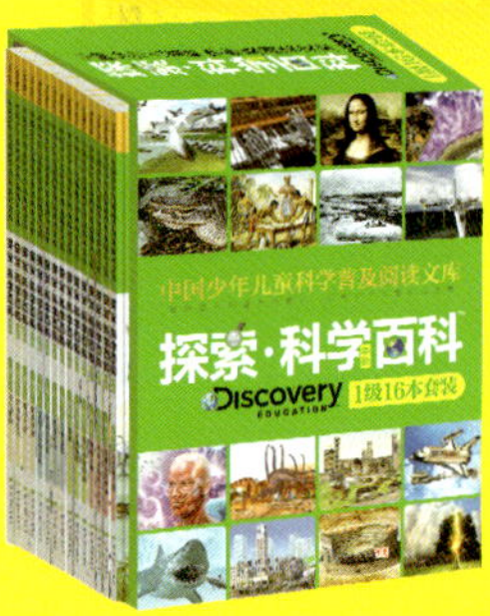
中国少年儿童科学普及阅读文库
探索·科学百科
Discovery
1级16本套装

Discovery Education
探索・科学百科（中阶）
1级套装（16册）
定价：192.00元

中国少年儿童科学普及阅读文库
探索·科学百科
Discovery
2级套装（16册）

Discovery Education
探索・科学百科（中阶）
2级套装（16册）
定价：192.00元

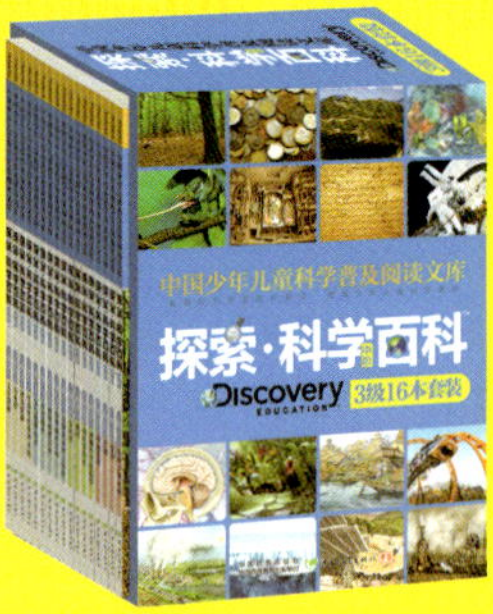
中国少年儿童科学普及阅读文库
探索·科学百科
Discovery
3级16本套装

Discovery Education
探索・科学百科（中阶）
3级套装（16册）
定价：192.00元

中国少年儿童科学普及阅读文库
探索·科学百科
Discovery
4级16本套装

Discovery Education
探索・科学百科（中阶）
4级套装（16册）
定价：192.00元

探索·科学百科
Discovery

Discovery Education
探索・科学百科（中阶）
1级分级分卷套装（4册）（共4卷）
每卷套装定价：48.00元

探索·科学百科
Discovery

Discovery Education
探索・科学百科（中阶）
2级分级分卷套装（4册）（共4卷）
每卷套装定价：48.00元

探索·科学百科
Discovery

Discovery Education
探索・科学百科（中阶）
3级分级分卷套装（4册）（共4卷）
每卷套装定价：48.00元

探索·科学百科
Discovery

Discovery Education
探索・科学百科（中阶）
4级分级分卷套装（4册）（共4卷）
每卷套装定价：48.00元